AF394014

TEORIA DEI GIOCHI

L'arte di pensare in modo strategico

PRISONER'S DILEMMA

TEORIA DEI GIOCHI

L'arte di pensare in modo strategico

scritto da Jean Blaise Mimbang
tradotto par Sara Rossi

50MINUTES.com

TEORIA DEI GIOCHI

INFORMAZIONI CHIAVE

- **Nomi:** teoria dei giochi, teoria del comportamento strategico, teoria delle decisioni interattive.

- **Usi:** approfondimento e spiegazione di leggi e norme sociali per mantenere la cooperazione all'interno di un gruppo; processo decisionale politico; comprensione delle relazioni di potere nelle negoziazioni; strumento di analisi dei conflitti; strumento per generare fiducia all'interno di un gruppo; applicazioni nella logica e nella teoria degli insiemi; applicazioni in economia, biologia, informatica e teoria dell'evoluzione.

- **Motivi della sua efficacia:** la teoria dei giochi è uno strumento eccellente per i negoziati, in quanto ci incoraggia a riflettere sulla complessità delle interazioni sociali e mostra che:

  - individui, aziende e Paesi sono reciprocamente interdipendenti;

  - l'interazione è utile per risolvere i problemi comuni;

  - la cooperazione non è facile da mettere in atto;

  - in alcuni casi, quando ogni individuo agisce nel proprio interesse, l'interesse comune potrebbe non essere raggiunto;

- ci sono vari modi di fare scelte strategiche in una situazione di cooperazione.
- **Parole chiave:**
    - <u>Interazione</u>: azione collettiva in cui un giocatore esegue un'azione o prende una decisione che viene influenzata da un altro giocatore.
    - <u>Strategia</u>: una specifica completa del comportamento di un giocatore in qualsiasi situazione in cui gli venga richiesto di giocare.

INTRODUZIONE

Ogni giorno, tutti gli agenti (animali, persone fisiche e giuridiche o agenti economici, tra cui politici, consumatori, datori di lavoro e produttori) e le comunità (squadre sportive, Paesi, eserciti, ecc.) interagiscono tra loro nel prendere decisioni. Queste interazioni possono andare dalla cooperazione al conflitto.

Il campo della teoria dei giochi è molto vasto e le sue applicazioni possono essere trovate in ambiti diversi come le relazioni internazionali, economia, scienze politiche, filosofia e storia, tra le altre. Questa teoria sviluppa gli strumenti per analizzare i comportamenti (economici, sociali, ecc.) sotto forma di giochi strategici.

La storia

Le prime analisi dei giochi di strategia risalgono al Rinascimento. Tuttavia, solo nel XIX e nel XX secolo è stata formalizzata una teoria sull'argomento. Tra i teorici dei giochi di quell'epoca si ricordano in particolare i matematici ed economisti Antoine Augustin Cournot, Émile Borel, John von Neumann, Oskar Morgenstern e John Forbes Nash, i cui rispettivi contributi saranno approfonditi nella prossima sezione.

 BUONO A SAPERSI: IL RINASCIMENTO

Si tratta di un movimento europeo che si estende dal tardo Medioevo al primo periodo moderno. Fu caratterizzato da un cambiamento di mentalità in ambito letterario, artistico e scientifico e dalla circolazione del sapere tra gli studiosi. Il Rinascimento nasce in Italia e si diffonde in tutta Europa a partire dal XVI secolo.

Definizione del modello

La teoria dei giochi studia le conseguenze dell'interazione strategica tra agenti razionali (giocatori) che perseguono i propri obiettivi, all'interno di un quadro chiaramente definito. Queste interazioni includono la negoziazione, la competizione, l'assistenza reciproca e la fornitura di un bene o di un servizio, tra le altre cose, che sono tutte azioni possibili che porteranno a un risultato che si traduce in un payoff, positivo o negativo, per ogni individuo che ha partecipato al gioco.

Lo scopo di questa teoria è dimostrare che gli individui, le aziende e persino i Paesi sono reciprocamente interdipendenti ed è nel loro interesse trovare un equilibrio per rendere le proprie interazioni vantaggiose per tutti. Questa teoria ci incoraggia anche a capire che, anche se la cooperazione non è facile, è meglio capirla che combatterla.

TEORIA

LA TEORIA DEI GIOCHI E I SUOI FILOSOFI

Gli inizi della teoria dei giochi, in senso stretto, si trovano nei lavori dei matematici della prima metà del XIX secolo.

Antoine Augustin Cournot

Il primo a studiare gli aspetti strategici delle interazioni tra agenti economici fu Antoine Augustin Cournot (matematico, filosofo ed economista francese, 1801-1877). Il suo libro del 1838 *Researches into the Mathematical Principles of the Theory of Wealth (Ricerche sui principi matematici della teoria della ricchezza)* contiene i preludi della teoria dei giochi, sviluppata poi negli anni Cinquanta. Analizza le diverse forme di concorrenza nei duopoli (un mercato con due venditori in competizione) e nel contesto specifico dell'equilibrio di Nash (tra produttori), di cui fornisce le prime formulazioni.

 **BUONO A SAPERSI: RICERCHE SUI PRINCIPI MATEMATICI DELLA TEORIA DELLA RICCHEZZA, 1838**

Sebbene sia stato completamente ignorato al momento della sua pubblicazione, questo libro è emerso dall'oscurità grazie al lavoro di John Forbes

Nash (economista e matematico americano, 1928-2015) sulla teoria dei giochi ripetuti nel 1950. Oggi, la concorrenza di Cournot è un modello basato sull'analisi della concorrenza imperfetta nell'economia industr ale.

Francis Ysidro Edgeworth

Mentre Cournot analizzava le interazioni strategiche tra due imprese produttive, l'economista e giurista anglo-irlandese Francis Ysidro Edgeworth (1845-1926) ampliò questo ragionamento e applicò il modello a casi di economie senza produzione. In *Mathematical Physics: An Essay on the Application of Mathematics to the Moral Sciences* (1881), sviluppò uno strumento per rappresentare le interazioni tra due agenti economici non produttivi: la scatola di Edgeworth. Questo libro segnò l'introduzione della matematica in economia

BUONO A SAPERSI: LA SCATOLA EDGEWORTH

Questo riquadro consente agli utenti di analizzare le possibilità di allocazione delle risorse tra due entità e di verificare se questa allocazione è ideale secondo l'Ottimo di Pareto, ossia se è possibile migliorare la situazione di un agente senza danneggiare quella dell'altro.

Ernst Friedrich Ferdinand Zermelo

La letteratura moderna sulla teoria dei giochi riconosce pienamente che il primo teorema formale della teoria dei giochi è stato prodotto da Ernst Friedrich Ferdinand Zermelo (matematico tedesco, 1871-1953) nel 1913. Questo teorema è stato ripreso da molti autori e interpretato in diversi modi. La versione di Mas Colell et al. del 1995 afferma essenzialmente che in qualsiasi gioco fisso a informazione perfetta (ogni giocatore conosce tutte le strategie e le funzioni di payoff di tutti gli altri giocatori – in cui il numero di round è noto in anticipo), esiste un equilibrio che in seguito diventerà noto come equilibrio di Nash.

L'equilibrio di Nash è costituito da strategie pure – sequenze di azioni che un giocatore è solito scegliere ogni volta che è probabile che giochi – e si ottiene per induzione a ritroso. Si tratta di determinare le strategie ottimali dei giocatori nell'ultimo turno di gioco. In altre parole, si ragiona a ritroso dall'ultimo turno di gioco al primo, determinando le migliori strategie dei giocatori in ogni fase del gioco. Questo concetto verrà illustrato più avanti.

Émile Borel

Mentre tutti i contributi precedenti consentivano di risolvere giochi semplici (cioè con strategie pure), il contributo del matematico francese Émile Borel (1871-1956) segna una svolta per la teoria dei giochi dal 1921 in poi. Nel volume IV del suo *Trattato del calcolo delle probabilità e delle sue applicazioni* (1924-1934), l'autore introduce le probabilità nei giochi d'azzardo e raccomanda il teorema del minimax per i giochi a somma zero, in cui i guadagni per un giocatore significano perdite per un altro. Nello stesso libro, l'autore distingue anche tra due diverse categorie di giochi d'azzardo:

- La prima comprende i giochi in cui la personalità e il livello di abilità del giocatore non hanno alcun ruolo.

- La seconda corrisponde ai giochi in cui sia la fortuna che l'abilità del giocatore hanno un'influenza. Questa categoria presenta analogie con i fenomeni economici.

 **BUONO A SAPERSI: IL TEOREMA DEL MINIMAX, O TEOREMA FONDAMENTALE DELLA TEORIA DEI GIOCHI A DUE GIOCATORI**

Questo teorema fu delineato da Émile Borel nel 1921, ma la prima dimostrazione completa fu prodotta solo qualche anno dopo (1928) dal matematico americano John von Neumann. Borel affermò che in un gioco non cooperativo (un gioco in cui tutte le opzioni strategiche disponibili per i giocatori sono specificate) tra due giocatori, con informazioni perfette, con un numero fisso di strategie pure e a somma zero (il guadagno di una persona è la perdita dell'altra), esiste almeno un equilibrio in cui nessuno dei due giocatori è incentivato a deviare dalla propria strategia mista (distribuzione di probabilità delle strategie pure di un giocatore).

Questo teorema è molto importante nella teoria dei giochi, poiché fornisce un metodo razionale per prendere decisioni simultanee in un ambiente competitivo (un gioco a somma zero).

John Von Neumann e Oskar Morgenstern

La teoria dei giochi è emersa come disciplina a tutti gli effetti nel 1944 sotto l'impulso del matematico americano John von Neumann (1903-1957) e dell'economista tedesco Oskar Morgenstern (1902-1977). Insieme, scrissero il libro *Theory of Games and Economic Behavior*, che contribuì all'impressionante sviluppo di questa disciplina, soprattutto per quanto riguarda il comportamento umano. In questo libro, gli autori proponevano una soluzione di equilibrio per il caso particolare di un gioco a somma zero. Ad esempio, gli scacchi sono un gioco che coinvolge due giocatori e ha la caratteristica che i guadagni di un giocatore corrispondono alle perdite dell'altro.

John Forbes Nash e i suoi successori

Il lavoro dell'economista e matematico americano John Forbes Nash ha rafforzato le basi della teoria dei giochi nel 1950. Egli propose una soluzione di equilibrio per i giochi a somma non zero. A tal fine, si basò sul lavoro di Cournot del 1838 e sviluppò una teoria dell'equilibrio non cooperativo per i giochi a somma variabile. Questa teoria generalizzava la soluzione proposta nel 1944 da Von Neumann e Morgenstern.

Nel 1965, l'economista tedesco Reinhard Selten (1930-2016) ha apportato il suo contributo a questo settore introducendo il concetto di equilibrio perfetto del sottogioco.

Allo stesso modo, l'economista ungherese-americano John Charles Harsanyi (1920-2000) ha dato un contributo significativo alla teoria dei giochi con la sua analisi dettagliata dei giochi a informazione incompleta, noti come giochi bayesiani. Ha anche reso popolare il concetto molto teorico di equilibrio di Nash attraverso un lungo articolo pubblicato nel 1967.

Infine, il matematico canadese Donald Bruce Gillies (1928-1975) ha sistematizzato l'equilibrio generale, prendendo come punto di partenza la scatola di Edgeworth.

 ## BUONO A SAPERSI: EQUILIBRIO DI NASH

L'equilibrio di Nash è una situazione di equilibrio in cui nessun giocatore ha interesse a modificare la propria strategia, tenendo conto di quella dell'altro giocatore.

A partire dagli anni '70 e '80, la teoria dei giochi ha conosciuto uno sviluppo significativo nel campo della matematica. Oggi è una branca dell'economia e della matematica, anche se, come già detto, può essere applicata a una serie di problemi sociali, medici, politici ed economici.

A riprova dell'importanza di questa disciplina, negli ultimi anni, diversi teorici dei giochi sono stati insigniti del Premio Nobel per le Scienze Economiche:

- John Charles Harsanyi, John Forbes Nash e Reinhard Selten nel 1994;

- L'economista americano Thomas Schelling (1921-2016) e l'economista israeliano Robert Aumann (nato nel 1930) nel 2005;

- Gli economisti americani Lloyd Shapley (1923-2016) e Alvin E. Roth (nato nel 1951) nel 2012.

PRESENTAZIONE DELLA TEORIA DEI GIOCHI

Le ipotesi a sostegno della teoria dei giochi sono le seguenti:

- la razionalità degli agenti (giocatori), che li spinge a raggiungere la migliore soluzione possibile per loro stessi, è misurata dalla cosiddetta utilità;

- ogni giocatore conosce tutte le strategie e le funzioni di payoff di tutti gli altri (informazione completa);

- tutti i partecipanti prendono le decisioni migliori per sé stessi con l'obiettivo di massimizzare la propria utilità (nel caso degli individui) o il proprio profitto (nel caso delle imprese), sapendo che gli altri fanno lo stesso;

- le scelte fatte in passato sono note a tutti i partecipanti.

Formalità di gioco

Un gioco di strategia è caratterizzato da un insieme di regole di gioco che specificano:

- I giocatori.

- Le strategie (azioni o decisioni).

- La sequenza di decisioni (avanzamento del gioco).

- I payoff o l'utilità dei giocatori (a seconda delle loro strategie). L'utilità non è una misura di payoff materiale, monetario o di altro tipo, ma una misura soggettiva della soddisfazione dei giocatori.

- Le informazioni a disposizione dei giocatori. Queste informazioni possono essere complete (perfette) o incomplete (imperfette).

Tipi di giochi

Esistono molti tipi di giochi:

- giochi a somma zero o giochi a somma non zero strettamente competitivi;

- giochi con decisioni simultanee o sequenziali;

- giochi cooperativi o non cooperativi;

- giochi a due giocatori o con più di due giocatori;

- giochi a informazione perfetta o giochi a informazione imperfetta;

- giochi statici (un turno), giochi fissi (più turni) o giochi infiniti.

Tipi di strategia

- <u>Strategia pura</u>: una sequenza di azioni che un giocatore sceglie notoriamente ogni volta che gioca.

- <u>Strategia mista</u>: distribuzione di probabilità delle strategie pure di un giocatore.

- <u>Strategia debolmente dominante</u>: la strategia X è debolmente dominante per il giocatore Y se esiste un'altra strategia, X', che offre un payoff inferiore o uguale per il giocatore Y.

- <u>Strategia debolmente dominata</u>: la strategia X è debolmente dominata per il giocatore Y se esiste un'altra strategia, X', che offre un payoff più alto o uguale per il giocatore Y.

- <u>Strategia strettamente dominante</u>: la strategia X è strettamente dominante per il giocatore Y se non esiste un'altra strategia, X', che offra un payoff strettamente più alto per il giocatore Y.

- <u>Strategia strettamente dominata</u>: la strategia X è strettamente dominata per il giocatore Y se esiste un'altra strategia, X', che offre un payoff strettamente superiore per il giocatore Y.

ESEMPI DI GIOCO

Consideriamo il seguente gioco: due giocatori (giocatore 1 e giocatore 2) decidono di giocare l'uno contro l'altro.

- Strategie del giocatore 1: X e Y.

- Strategie del giocatore 2: U e V.

- Ordine delle decisioni: giocatore 1 poi giocatore 2.

- **Pagamenti:** La matrice dei payoff è rappresentata da *a* e *b*, dove *a* rappresenta i payoff del giocatore 1 e *b* rappresenta i payoff del giocatore 2.

  - Se il giocatore 1 sceglie X e il giocatore 2 sceglie U:

    - Pagamento del giocatore 1: 4

    - Giocatore 2 payoff: 2

  - Se il giocatore 1 sceglie X e il giocatore 2 sceglie V:

    - Giocatore 1 payoff: 3

    - Giocatore 2 payoff: 1

  - Se il giocatore 1 sceglie Y e il giocatore 2 sceglie U:

    - Giocatore 1 payoff: 2

    - Pagamento del giocatore 2: 5

  - Se il giocatore 1 sceglie Y e il giocatore 2 sceglie V:

    - Pagamento del giocatore 1: 9

    - Pagamento del giocatore 2: 0

Se accettiamo l'ipotesi che entrambi i giocatori abbiano informazioni complete, ci sono due modi possibili di rappresentare questo gioco:

- Forma estensiva, più adatta a giochi di decisione sequenziali;

- Forma strategica, più adatta ai giochi statici con decisioni simultanee.

Ogni forma estensiva corrisponde a un gioco di strategia in cui i giocatori scelgono le proprie strategie simultaneamente. D'altra parte, un gioco di strategia può corrispondere a molte forme estensive diverse.

Eliminazione successiva delle strategie dominate

Per definire quali strategie saranno giocate sia dal giocatore 1 che dal giocatore 2, dobbiamo identificare quelle dominanti di ciascun giocatore.

Giocatore 2

- se il giocatore 1 sceglie X, la scelta migliore per il giocatore 2 è U perché con questa scelta il suo payoff sarà 2 (rispetto a 1 se sceglie V);

- se il giocatore 1 sceglie Y, la scelta migliore per il giocatore 2 è U perché con questa scelta il suo payoff sarà 5 (rispetto a 0 se sceglie V).

Per il giocatore 2, la strategia U domina strettamente la strategia V perché offre al giocatore 2 un payoff migliore in entrambe le situazioni.

Eliminando la strategia V del giocatore 2 (strettamente dominata perché perde in ogni caso), il gioco può essere presentato come segue:

Giocatore 1

Dato che il giocatore 2 sceglie la sua strategia strettamente dominante U, la scelta migliore per il giocatore 1 è X perché con questa scelta il suo payoff sarà 4 (rispetto a 2 se sceglie Y).

Per il giocatore 1, la strategia X è dominante perché offre un payoff migliore.

Eliminando la strategia dominata del giocatore 1 (quella in cui perde di più), il gioco può essere presentato come segue:

La situazione X, U corrisponde all'equilibrio di Nash.

Equilibrio di Nash

L'equilibrio di Nash è una situazione in cui nessun giocatore desidera cambiare la propria strategia, alla luce delle strategie scelte dagli altri. Dal momento che agiscono in modo strategico, ogni partecipante giocherà la sua risposta migliore in base alle strategie degli altri.

L'equilibrio di Nash viene determinato attraverso l'eliminazione iterativa (successiva) delle strategie dominate, poiché queste non vengono mai giocate dai giocatori (a causa della loro razionalità).

Nel nostro esempio, l'equilibrio di Nash corrisponde alle strategie:

- X per il giocatore 1

- U per il giocatore 2.

I payoff associati sono i seguenti:

- payoff del giocatore 1: 4

- giocatore 2 payoff: 2.

 ## BUONO A SAPERSI: ELIMINARE LE STRATEGIE DOMINATE

Un gioco può essere risolto mediante l'eliminazione iterativa delle strategie dominate, lasciando alla fine del processo una sola strategia (profilo unico) per ciascun giocatore. L'equilibrio di Nash comprende le strategie ottenute in questo modo.

L'equilibrio raggiunto attraverso la successiva eliminazione delle strategie (strettamente) dominate non dipende dall'ordine di eliminazione di queste strategie. D'altra parte, un equilibrio diverso può essere ottenuto eliminando le strategie debolmente dominate. L'equilibrio di Nash ottenuto con l'eliminazione successiva di strategie strettamente dominate è più robusto dell'equilibrio ottenuto con l'eliminazione iterativa di strategie debolmente dominate.

In alcuni casi, il gioco non può essere risolto.

Ottimalità di Pareto

Un gioco di strategia pure può avere più equilibri di Nash o nessuno. In questo caso, il problema è sapere come scegliere un particolare equilibrio.

L'ottimalità di Pareto dimostra che il profilo strategico A domina il profilo strategico B se A è strettamente migliore per tutti i giocatori.

Il livello di sicurezza della strategia di un giocatore è definito come il payoff minimo che la strategia può portare, indipendentemente dalle scelte degli altri giocatori. Il livello di sicurezza X del giocatore Y è il livello massimo di sicurezza delle strategie del giocatore Y.

Nel caso del nostro esempio:

il livello di sicurezza della strategia X del giocatore 1 è pari a 3;

il livello di sicurezza della strategia Y del giocatore 1 è pari a 2;

il livello di sicurezza della strategia U del giocatore 2 è pari a 2;

il livello di sicurezza della strategia V del giocatore 2 è pari a 0.

Pertanto, il livello di sicurezza del giocatore 1 è pari a 3, mentre quello del giocatore 2 è pari a 2.

Strategie miste

Le strategie definite e utilizzate finora sono strategie pure (opzioni disponibili per i giocatori).

Come spiegato in precedenza, una strategia mista è la distribuzione di probabilità di tutte le strategie pure. I giocatori scelgono casualmente di giocare le loro strategie con una certa probabilità.

Per illustrarlo, possiamo prendere il gioco dell'esempio precedente e supporre che questa volta il giocatore 1 giochi a caso X e Y con una probabilità di ½ (0,5) e che il giocatore 2 faccia lo stesso.

- Forma strategica dei giochi a strategia mista: una volta su due (0,5 o ½), il giocatore 1 sceglie la strategia X e una volta su due (0,5 o ½) la strategia Y. Il giocatore 2 fa lo stesso.

- Pagamenti attesi:

  - se il giocatore 2 sceglie U, il payoff atteso del giocatore 1 è (0,5 x 4) + (0,5 x 2) = 3;

  - Se il giocatore 2 sceglie V, i payoff attesi del giocatore 1 sono (0,5 x 3) + (0,5 x 9) = 6;

  - se il giocatore 1 sceglie X, il payoff atteso del giocatore 2 è (0,5 x 2) + (0,5 x 1) = 1,5;

  - se il giocatore 1 sceglie Y, i payoff attesi del giocatore 2 sono (0,5 x 5) + (0,5 x 0) = 2,5.

- Equilibrio di Nash in strategie miste: ogni giocatore sceglie la strategia che gli consente di massimizzare i propri guadagni. Nell'equilibrio di Nash del nostro esempio, il giocatore 1 sceglie Y con una probabilità di ½ (0,5) e il giocatore 2 sceglie la strategia V con una probabilità di ½ (0,5). I payoff attesi per i due giocatori sono 6 per il giocatore 1 e 2,5 per il giocatore 2. Il teorema di Nash può essere visto in questo caso, poiché qualsiasi gioco di strategia ha un equilibrio di Nash per le strategie miste.

IL DILEMMA DEL PRIGIONIERO

Diversi concetti della teoria dei giochi possono essere studiati attraverso un esempio, il dilemma del prigioniero. La prima versione del dilemma del prigioniero fu presentata dai ricercatori della RAND Corporation (il dipartimento di ricerca e sviluppo dell'aeronautica militare statunitense creato nel 1945) nel 1950. Il dilemma aiuta a spiegare la corsa agli armamenti, ma anche il processo di disarmo nucleare.

La storia del dilemma del prigioniero

Due ladri vengono arrestati dalla polizia e interrogati separatamente. La polizia è convinta della loro colpevolezza, ma non ha ancora prove sufficienti per condannarli. Prima dell'arresto, i ladri avevano giurato di non tradirsi a vicenda. La polizia, che vuole più di ogni altra cosa far confessare i due uomini, promette la libertà a chi parla, se è l'unico a farlo. Da qui nasce un dilemma: da un lato, i prigionieri sanno che subiranno solo una piccola pena se non confesseranno alla polizia. Dall'altro, entrambi sono individualmente tentati di confessare il crimine per ottenere la libertà.

Forma strategica del dilemma del prigioniero

In questo caso, i due giocatori (ladri) possono scegliere tra due strategie: negare o confessare. Ogni casella contiene i payoff dei due giocatori. La prima figura corrisponde al risultato del giocatore 1 e la seconda al risultato del giocatore 2. Per convenzione, qui il numero di anni di carcere è scritto in negativo perché rappresenta una perdita di utilità. L'obiettivo di ciascun giocatore è minimizzare il numero di anni di carcere.

Strategie dominanti dei due giocatori

- Se il giocatore 2 sceglie di negare, il giocatore 1 ha interesse a confessare per evitare un anno di prigione e quindi essere libero.

- Se il giocatore 2 sceglie di confessare, è nell'interesse del giocatore 1 confessare e passare solo 4 anni in prigione invece di 5 se nega.

- Se il giocatore 1 sceglie di negare, il giocatore 2 ha interesse a confessare per evitare un anno di prigione e quindi essere libero.

- Se il giocatore 1 sceglie di confessare, è nell'interesse del giocatore 2 confessare e passare solo 4 anni in prigione invece di 5 se nega.

In questo caso, "confessare" è una strategia dominante per entrambi i giocatori. Infatti, qualunque sia la scelta di un giocatore, l'altro otterrà sempre un risultato migliore denunciando il proprio complice. Questo è il cosiddetto equilibrio di Nash.

Equilibrio di Nash del dilemma del prigioniero

La soluzione logica del gioco (equilibrio di Nash) sarebbe che ogni giocatore denunciasse l'altro: ognuno di loro sarebbe condannato a quattro anni di prigione. Al contrario, cooperando (tacendo entrambi), tutti e due passerebbero solo un anno in prigione. Il dilemma del prigioniero illustra il conflitto tra il benessere collettivo derivante dalla cooperazione e gli incentivi individuali a non farlo. In una situazione in cui uno dei due giocatori non è certo delle intenzioni dell'altro, è nel suo interesse, in nome della razionalità individuale, scegliere di confessare, anche se l'interesse collettivo raccomanda di negare. Da qui l'importanza di avere leggi, norme e regole sociali che impongano una certa cooperazione, ma che, in pratica, non sono facili da trovare.

LIMITI ED ESTENSIONI DEL MODELLO

LIMITI E CRITICHE DEL MODELLO

I limiti e le critiche alla teoria dei giochi sono numerosi e riguardano il concetto stesso di gioco, quello di equilibrio e le possibili applicazioni di questa teoria.

Concetto di gioco

I teorici dei giochi usano la parola "gioco" per riferirsi a qualsiasi modello completo che comprenda un elenco di individui (giocatori), un insieme di strategie e payoff. Il termine "gioco" non si riferisce a un'attività simbolica svolta per divertimento, ma a una serie di vincoli relativi a un problema.

Il concetto di equilibrio di Nash

Nella vita quotidiana, gli equilibri sono generalmente percepiti come "stati di riposo" raggiunti da sistemi che erano precedentemente in movimento. Tuttavia, la teoria dei giochi utilizza la parola "equilibrio" per descrivere il suo concetto principale, ossia l'equilibrio di Nash. Questo equilibrio si raggiunge perché ogni giocatore anticipa correttamente ciò che probabilmente faranno gli altri. Poiché le scelte vengono fatte simultaneamente, l'idea di un processo che porta all'equilibrio attraverso modifiche successive delle anticipazioni non ha senso in questo caso. È, quindi, troppo difficile pensare all'"equilibrio" senza pensare a una forma o all'altra di dinamismo.

Possiamo illustrarlo con l'aiuto del modello di duopolio di Cournot, che è un precursore dell'equilibrio di Nash. In questo famoso modello di concorrenza imperfetta (una struttura di mercato caratterizzata da produttori che possono fissare prezzi diversi da quelli del mercato), ogni impresa fa un'offerta anticipando quella dell'altra. Senza sapere nulla della concorrenza, l'impresa presume che, una volta fatta la sua scelta, l'altra impresa non cambierà idea. L'equilibrio di Cournot è tale che ogni impresa fa la sua offerta prevedendo esattamente cosa farà l'altra. Di conseguenza, non solo non si stabiliscono le dinamiche che portano all'equilibrio, ma non si raggiunge mai una soluzione di equilibrio, se non in casi particolari in cui l'impresa si imbatte casualmente nell'offerta dell'altra.

Analogamente, la critica può essere estesa anche a un altro modello di equilibrio non cooperativo, il duopolio di Joseph Louis François Bertrand (matematico ed economista francese, 1822-1900), in cui le imprese propongono strategie basate sul prezzo. In particolare, è chiaro che l'equilibrio di Nash non si stabilisce mai perché le due imprese fissano lo stesso prezzo pari al costo medio (che si assume costante). Poiché a questo prezzo il loro profitto è pari a zero, è nell'interesse di entrambe offrire un prezzo superiore al costo e quindi avere il 50% di possibilità di ottenere un profitto strettamente positivo (anziché nullo). Di conseguenza, nessuno dei due sceglie la soluzione di equilibrio di Nash.

Un altro aspetto che causa un problema con l'equilibrio di Nash è il fatto che un giocatore non può cambiare la propria strategia una volta che il gioco è iniziato. Anche questo è un limite della teoria.

Applicazioni della teoria dei giochi

Ritornando alla definizione di teoria dei giochi descritta in precedenza, è molto difficile applicarla alle situazioni della vita reale. Infatti, è praticamente impossibile trovare esempi di situazioni riconducibili al dilemma del prigioniero. Infatti, le scelte individuali sono largamente influenzate dal sistema di valori derivante dall'educazione e dalla cultura. Non potendo essere osservate nella vita quotidiana, le condizioni di gioco vengono create in laboratorio. La teoria dei giochi è quindi difficile da applicare alla realtà, anche in un contesto che inizialmente le sembra favorevole (interazione).

Infine, molti, tra cui l'economista francese Bernard Guerrien, ritengono che, come regola generale, la teoria dei giochi non risolva nulla e non abbia niente da offrire ai giocatori. Essa richiama principalmente l'attenzione sui problemi creati dalle scelte individuali in interazione, quando tutte le ipotesi del modello sono specificate. Occorre quindi usare cautela con questo strumento di economia sperimentale.

ESTENSIONI E MODELLI CORRELATI

Tutte le limitazioni e le critiche alla teoria dei giochi sopra menzionate derivano principalmente dal fatto che essa si riferisce solo a un singolo gioco di un round in cui i giocatori non cooperano. Cosa succede quando i giocatori collaborano e le interazioni tra loro si ripetono più volte?

Intuitivamente, la cooperazione può emergere più facilmente come risultato di nuove interazioni. Si tratta dei cosiddetti "giochi ripetuti". Perché il vostro fioraio vi offre lo stesso prezzo per un buon mazzo di fiori quando potrebbe darvi un mazzo di qualità inferiore che ha comprato a un prezzo più basso? Probabilmente perché spera che torniate in futuro. Ritornando nel suo negozio, state collaborando come consumatori.

I giochi ripetuti introducono un potente motivo di cooperazione. La cooperazione nel primo turno incoraggia quella nel turno successivo. Questa motivazione non esiste nei giochi statici con un solo turno.

Esistono due tipi di giochi ripetuti:

- quelli in cui la fine è nota con certezza;

- quelli in cui la fine è sconosciuta.

Questa distinzione è importante, perché porta a diverse implicazioni in termini di teoria dei giochi.

Giochi di set

L'importante in questo tipo di gioco è la fine, che i giocatori conoscono in anticipo. Essi sono a conoscenza anche dei risultati dei turni precedenti. L'equilibrio di Nash viene determinato attraverso la cosiddetta induzione a ritroso.

 ## BUONO A SAPERSI: INDUZIONE A RITROSO

L'idea è quella di determinare le migliori strategie dei giocatori nell'ultimo turno di gioco. Da qui, è possibile lavorare a ritroso dall'ultimo turno di gioco al primo.

Nell'esempio del dilemma del prigioniero illustrato in precedenza, è possibile capire cosa succede se il gioco viene ripetuto un determinato numero di volte.

Nell'ultimo turno (T), dato che il gioco sta finendo, la strategia migliore per ogni giocatore dal punto di vista della razionalità individuale è confessare (stesso risultato di un gioco statico). L'equilibrio di Nash è quindi stabilito (confessare, confessare).

Nel round T-1 (penultimo), i giocatori hanno ancora interesse a cooperare perché sanno che c'è un altro round. Tuttavia, sappiamo che la cooperazione non è possibile in questo caso. Pertanto, anche nel T-1 non c'è alcun vantaggio a cooperare e ritroviamo l'equilibrio di Nash (confessa, confessa). Ciò che è vero in T-1 è vero anche in T-2, e così via fino al primo round. Per induzione a ritroso, è possibile dimostrare che in ogni fase i gioca-tori opteranno per la strategia "confessa". Questo risul-tato può essere spiegato dal fatto che i giocatori anticipano ciò che accadrà.

Giochi infiniti

Esistono due tipi di giochi infiniti:

- quelli in cui le parti continuano a giocare all'infinito (senza limiti di tempo);

- quelli, più realistici, in cui il gioco si interrompe inas-pettatamente (in modo casuale).

Nel caso di giochi insiemistici, è possibile determinare l'equilibrio di Nash per induzione a ritroso, perché è suf-ficiente anticipare le scelte dei giocatori nel turno T. In un gioco infinito, questo ragionamento non è più valido perché esistono molte strategie possibili e quindi una molteplicità di equilibri.

Un risultato centrale della teoria dei giochi, che vale la pena conoscere, ma che non dimostreremo in questa sede a causa della sua complessità, è il seguente: se gli agenti sono sufficientemente pazienti, le strategie che prevedono fasi di cooperazione reciproca sono equilibri di Nash.

Possiamo cercare di comprendere questo risultato cen-trale della teoria dei giochi alla luce del dilemma del prigioniero ripetuto un numero infinito di volte.

All'equilibrio sono possibili tre coppie di strategie:

- Sia il giocatore 1 che il giocatore 2 scelgono sempre la confessione. Alla luce dei risultati osservati nei capitoli precedenti, sappiamo che questo equilibrio ha un valore limitato;

- I due giocatori si accordano per negare. Non appena uno dei due si discosta dall'accordo, l'altro risponde scegliendo sempre di confessare;

- L'accordo "occhio per occhio, dente per dente", secondo il quale la confessione di un giocatore è punita dall'altro, che confessa tante volte quante ne occorrono per infliggere lo stesso danno (anni di prigione). Per questo motivo, se il giocatore 1 confessa, anche il giocatore 2 sceglierà di confessare per non fargli beneficiare della libertà.

L'accordo che sembra più credibile e più vantaggioso per tutti è "occhio per occhio, dente per dente". Questo risultato è valido indipendentemente dalla persona che assegna la punizione. In questo modo, la fiducia nella giustizia intrinseca, divina o terrena, può essere un fattore di coordinamento e stabilità al pari della minaccia dell'avversario. È interessante notare che se entrambi i giocatori sono razionali, non si discosteranno dall'accordo e, di conseguenza, la punizione non verrà applicata.

APPLICAZIONI DEL CONCETTO: LO SPETTRO POLITICO

Supponiamo che in un Paese le opinioni politiche siano uniformemente distribuite su un asse che va dall'estrema sinistra all'estrema destra e che due partiti (A e B) debbano posizionarsi politicamente alle elezioni per ottenere il maggior numero di voti possibile.

Infine, supponiamo che i partiti entrino nell'arena politica uno dopo l'altro e che gli elettori votino per il partito più vicino alle loro aspettative.

CASO 1

Se il primo partito (A) si posiziona a sinistra, il secondo (B) si posizionerà anch'esso a sinistra, ma leggermente a destra del primo partito, in modo da poter raccogliere alcuni elettori di centro-sinistra, centro e destra e vincere così le elezioni.

Il secondo partito (B) porterà i voti degli elettori alla sua destra e la metà dei voti tra esso e il primo partito (A) a sinistra.

CASO 2

Se il primo partito si posiziona (A) a destra, è nell'interesse del secondo (B) posizionarsi anch'esso a destra, ma leggermente a sinistra del primo, per vincere le elezioni.

Come nel primo scenario, il partito B avrà la meglio sul partito A.

I due partiti dovrebbero quindi collocarsi entrambi al centro dello spettro politico. Questo risultato è tutt'altro che teorico, perché corrisponde ragionevolmente alla situazione politica osservata negli Stati Uniti, dove in passato è stato talvolta difficile distinguere tra democratici e repubblicani.

E SE AGGIUNGESSIMO UN'ALTRA PARTE?

Supponiamo ora che i due partiti politici sappiano che un terzo partito (C) intende entrare nello spettro politico del Paese.

- Se la situazione politica del Paese è come quella del caso 1, il terzo partito politico dovrebbe posizionarsi leggermente a destra del partito B per ottenere quasi la metà dei voti.

- Se la situazione politica del Paese è come quella del caso 2, il terzo partito dovrebbe posizionarsi leggermente a sinistra del partito B per ottenere quasi la metà dei voti.

Per evitare queste due situazioni poco vantaggiose, quando sanno che un terzo partito sta per entrare nell'arena, i due primi partiti dovrebbero posizionarsi rispettivamente al centro dell'elettorato di destra e al centro dell'elettorato di sinistra. In questo modo, ciascuno di essi otterrà la metà dei voti dell'elettorato.

Se il terzo partito politico decide di scendere in campo nonostante questo posizionamento, otterrà un quarto dei voti (2/8) posizionandosi al centro dello spettro politico, mentre gli altri due partiti avranno ciascuno 3/8 dei voti.

In questa situazione, cosa ci guadagna il terzo partito a entrare nell'arena politica? Un osservatore esterno dirà senza dubbio che non c'è alcun interesse a farlo. Tuttavia, la situazione è più sfumata di così, perché in alcuni Paesi questo posizionamento può essere una buona mossa. In un sistema politico come quello belga, ad esempio, un partito di minoranza può comunque partecipare al governo attraverso accordi con altri partiti.

- Gli inizi dell'analisi dei giochi d'azzardo risalgono al Rinascimento. I lavori di Antoine Augustin Cournot, Francis Ysidro Edgeworth, Ernst Friedrich Ferdinand Zermelo ed Émile Borel hanno contribuito attivamente alla definizione di questa teoria.

- La nascita della disciplina risale al 1944, quando fu pubblicato il testo fondante *Theory of Games and Economic Behavior* di John Forbes Nash, John von Neumann e Oskar Morgenstern.

- Il concetto di "soluzione di equilibrio per giochi a somma zero" è stato proposto da Nash nel 1950, mentre l'"equilibrio perfetto nei sottogiochi" è stato proposto da Reinhard Selten nel 1965. Charles Harsanyi rese popolare il concetto di equilibrio di Nash nel 1967 e nello stesso decennio Donald Bruce Gillies propose una sistematizzazione dell'equilibrio generale. A partire dagli anni Settanta e Ottanta, la teoria dei giochi ha conosciuto un grande sviluppo e diversi teorici dei giochi sono stati premiati (con il Premio Nobel per le Scienze Economiche).

- Oltre a essere un ottimo strumento di negoziazione, lo scopo principale della teoria dei giochi è dimostrare che individui, aziende e Paesi sono reciprocamente interdipendenti e che l'interazione è vantaggiosa per la risoluzione di problemi comuni. Dimostra anche che la cooperazione non è facile da attuare e che, in alcuni casi, è meglio andare d'accordo che litigare.

- L'ambito di applicazione della teoria dei giochi è incredibilmente vasto e può essere visto quotidianamente, in particolare nello spettro politico.

- Le limitazioni e le critiche alla teoria dei giochi si concentrano sul concetto di gioco (un uso improprio della terminologia, poiché in questo caso viene utilizzato per riferirsi a un insieme di vincoli legati a un problema piuttosto che a un'attività piacevole), sull'equilibrio di Nash (poiché non esiste un processo dinamico che porti all'equilibrio) e sulle applicazioni del modello (è quasi impossibile trovare applicazioni nella vita reale).

- Poiché i critici della teoria dei giochi si concentrano principalmente sul fatto che essa si limita a giochi semplici a un turno in cui i giocatori non cooperano, i teorici dei giochi hanno completato il modello basato su giochi ripetuti (insiemi e infiniti), che incoraggiano i giocatori a cooperare più volentieri.

- Sebbene la teoria dei giochi non possa essere applicata a tutti gli aspetti della vita sociale, è utile in medicina, politica, strategia militare ed economia. Ci incoraggia a riflettere sulla complessità delle interazioni sociali e ci permette di mettere gli eventi in prospettiva.

ULTERIORI LETTURE

BIBLIOGRAFIA

Sito web di *Archives-ouvertes:*

http://hal.archives-ouvertes.fr/

Davis, M. (1974) *Introduction à la théorie des jeux.* Paris: Armand Colin.

Sito web dell'*Encyclopédie Universalis:*

http://www.universalis.fr/

Friedman, J. (1990) *Teoria dei giochi con applicazioni all'economia.* Oxford: Oxford University Press.

Gabszewicz, J. (1970) *Théorie du noyau et de la concurrence imparfaite.* Louvain: Recherches Économiques de Louvain. Volume 36, pp. 21-37.

Giraud, G. (2000) *La Théorie des jeux.* Parigi: Flammarion.

Sito web di *Le Monde:*

http://www.lemonde.fr/

Moulin, H. e de Possel, R. (1979) *Fondations de la théorie des jeux.* Parigi: Hermann.

Ponssard, J. -P. (1977) *Logique de la négociation et théorie des jeux.* Parigi: Éditions d'Organisation.

Smith, J. M. (2002) *L'evoluzione e la teoria dei giochi.* Cambridge: Cambridge University Press.

Thisse, J. F. (2004) *Théorie des jeux : une introduction.* Louvain-la-Neuve: Université catholique de Louvain.

Tirole, J. (1985) *Concurrence imparfaite.* Parigi: Economica.

Yildizoglu, M. (2011) *Introduction à la théorie des jeux. Manuale ed esercizi corretti.* Parigi: Dunod.

FONTI AGGIUNTIVE

Kuhn, H. (2003) *Lezioni sulla teoria dei giochi.* Princeton: Princeton University Press/

Sorin, S. (2002) *Un primo corso sui giochi ripetuti a somma zero.* Berlino: Springer-Verlag.

Spaniel, W. (2011) *Game Theory 101: The Complete Textbook.* Piattaforma editoriale indipendente CreateSpace.

Talwalkar, P. (2014) *La gioia della teoria dei giochi: Un'introduzione al pensiero strategico.* CreateSpace Independent Publishing Platform.

Vogliamo conoscere la vostra opinione!
Lasciate un commento sulla vostra biblioteca online
e condividete i vostri libri preferiti sui social media!

Master ISBN: 9782808064804
ISBN cartaceo: 9782808065092
Deposito legale: D/2022/12603/96

Design digitale: Primento,
il partner digitale degli editori.